U0193240

开篇语

我出生在公元505年，有1500多岁了。古人见我往来通达，处处利民，赐我“通济”美名，从此之后我便以“通济堰”的名号在水利史上熠熠生辉。

1500多年来，我发挥了重要作用并受到各方重视。

1962年，我成为浙江省文物保护单位；2001年，作为南朝至清代古建筑，被国务院列入第五批全国重点文物保护单位名单。

更令我骄傲的是，2014年，经过激烈角逐，我获得了一项世界性荣誉——被国际灌溉排水委员会列入首批世界灌溉工程遗产名录。

从此，我的美名漂洋过海，远扬国外。

我究竟靠的是什么？

下面就给大家讲一讲我的前世与今生。

了不起的通济堰

丽水市水利局 编绘

廣東旅游出版社
悦读书·悦旅行·悦享人生
中国·广州

编委会

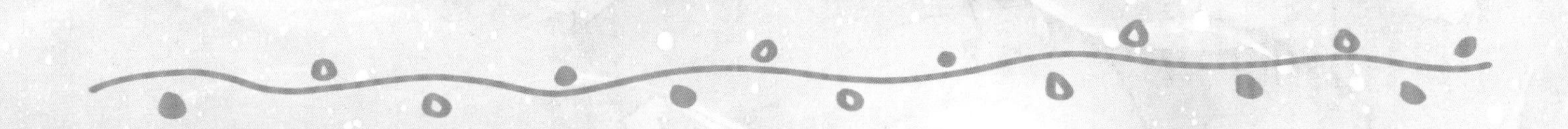

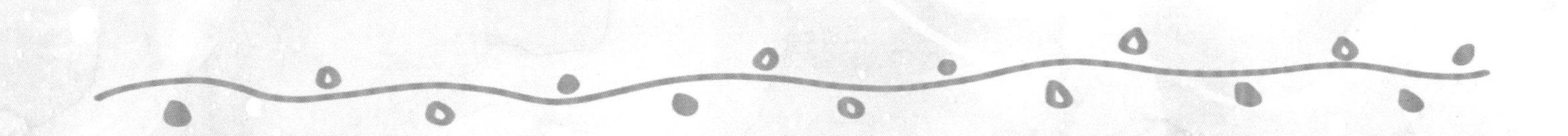

目 录

我的诞生与成长

在美丽的浙江西南部，有一个群山起伏的地方，便是古时的处州，如今的丽水。这里“九山半水半分田”①，而我的故事刚好连起了山、水与宝贵的“田”。

① 古人认为丽水九分为山，半分为田，半分为水，因此有“九山半水半分田”的说法。丽水面积约 1.73 万平方千米，其中山地约占 88.42%，耕地约占 5.15%，境内有瓯江、钱塘江、飞云江、椒江、闽江、赛江，的确算得上“九山半水半分田”。

仙霞岭
洞宫山

我诞生在丽水的碧湖平原。这是一片狭长平原，宛如一片巨大树叶，落在括苍山、洞宫山、仙霞岭三座大山脉的怀抱中，就像它们护着的一个宝贝。

这个宝贝其实是江水所生——瓯江奔腾而来，在这儿冲积出了碧湖平原，交给了山脉环护，自己却继续踏上前往东海的旅程。

山与水一起滋养的这个宝贝，从一开始就是不安分的。在它的西南边缘，大溪和松阴溪环绕而过，日夜澎湃；在它的西北山地，山溪横穿平原，在暴雨时节带来洪水。

然而，它又有特别优秀的地方：这儿温润多雨，阳光充足，土地肥沃，是一方可以耕作的宝地。

因为得天独厚的优势，从新石器时代晚期开始，美丽的碧湖平原便有了人类繁衍。

人们在此耕作、生活，日出而作日落而息，
经历了漫长的岁月，迎来了一个又一个朝代。

到了汉朝时，江南地区日渐繁荣，水利建设兴盛。

南北朝时期，处州这样偏远的地区，也有了堰坝的身影。

公元505年，南朝一位詹司马来到了处州，站在了碧湖平原上。

詹司马发现，眼前这片平原明明可以是一方宝地，却不时“患病”：有时干旱缺水，有时又洪涝肆虐。人们不得不面对它的任性，一次次收拾被毁的农田，播下新的种子。

詹司马决心为碧湖的子民解忧。他上奏朝廷，希望在此兴修水利。朝廷不但准奏，还派了一位南司马前来帮忙。

两位司马仔细考察地形、勘测选址，经过科学计算论证，找到了一个绝佳的建坝位置。

这个位置，就在碧湖平原的西南端。

那里瓯江大溪环绕而过，瓯江支流松阴溪也在附近汇入大溪。丰富的水源就这样匆匆而过，如同过客。

但二位司马就要留住它们。

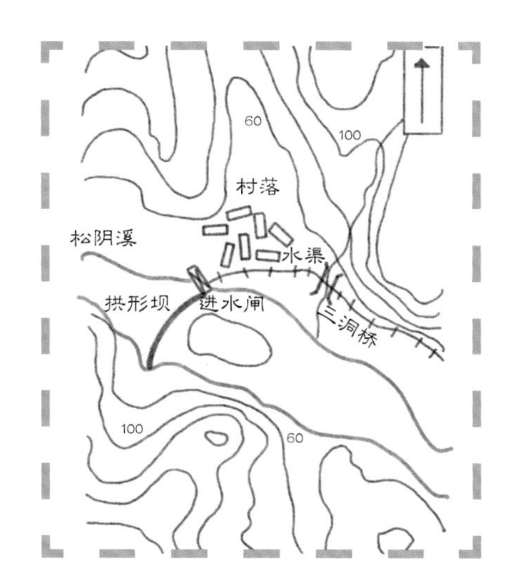

堰址地形示意图

就在距松阴溪汇入大溪还有 1.2 千米的地方，两人着手建坝截流。

碧湖平原西高东低，西南端恰好是全平原最高处，在这里建坝，溪水可以自流灌溉最大面积的农田。

真不愧是慧眼识地。

詹、南司马命人从山上取来竹木做笼，填上沙石，建起了“木篠土砾坝”[2]。

然而这次迎来的却是一个小小的考验：松阴溪讯期水量丰富，水面宽阔，木篠坝经受不住洪水冲击，竟一次次被冲毁。

又被冲毁了，如何是好？

②采竹木编制成笼子，填上沙砾、石子，用来当建坝材料，建成的便是“木篠土砾坝”。

接下来的日子，二位司马殚精竭虑，就是想不到解决的良策。这天，二位司马凝视溪流，恍惚看到一条白蛇游过。蛇形蜿蜒，留下一道弧线。灵光一闪，两人顿时想到了解决之道。

二位司马再次召集人手，还是用竹木做笼，装石填沙，但有一点不同：这一次，他们让人将坝体建成拱形。

水流依旧汹涌，但柔和的拱形减缓了水的冲击力，同时拱形坝体把冲击力传导到了两岸，水被驯服了。

成功了！

詹、南司马的成功，对碧湖平原来说很重要。

而对我来说，更是尤其重要。

因为我就这样诞生了呀！

感谢二位司马，是他们将我带来了世上。

1500 多年前，二位司马不但为我安了一颗脑袋——我的拱形大坝和闸门，还为我建造了各种大大小小的渠道，它们就像竹枝一级一级分开，可以将松阴溪的水引流到田间地头，方便人们灌溉；也可以引流到村落人家前，供给人们的日常生活。这是一张巧妙的水网，如今人们把它叫作“竹枝状水系网”。

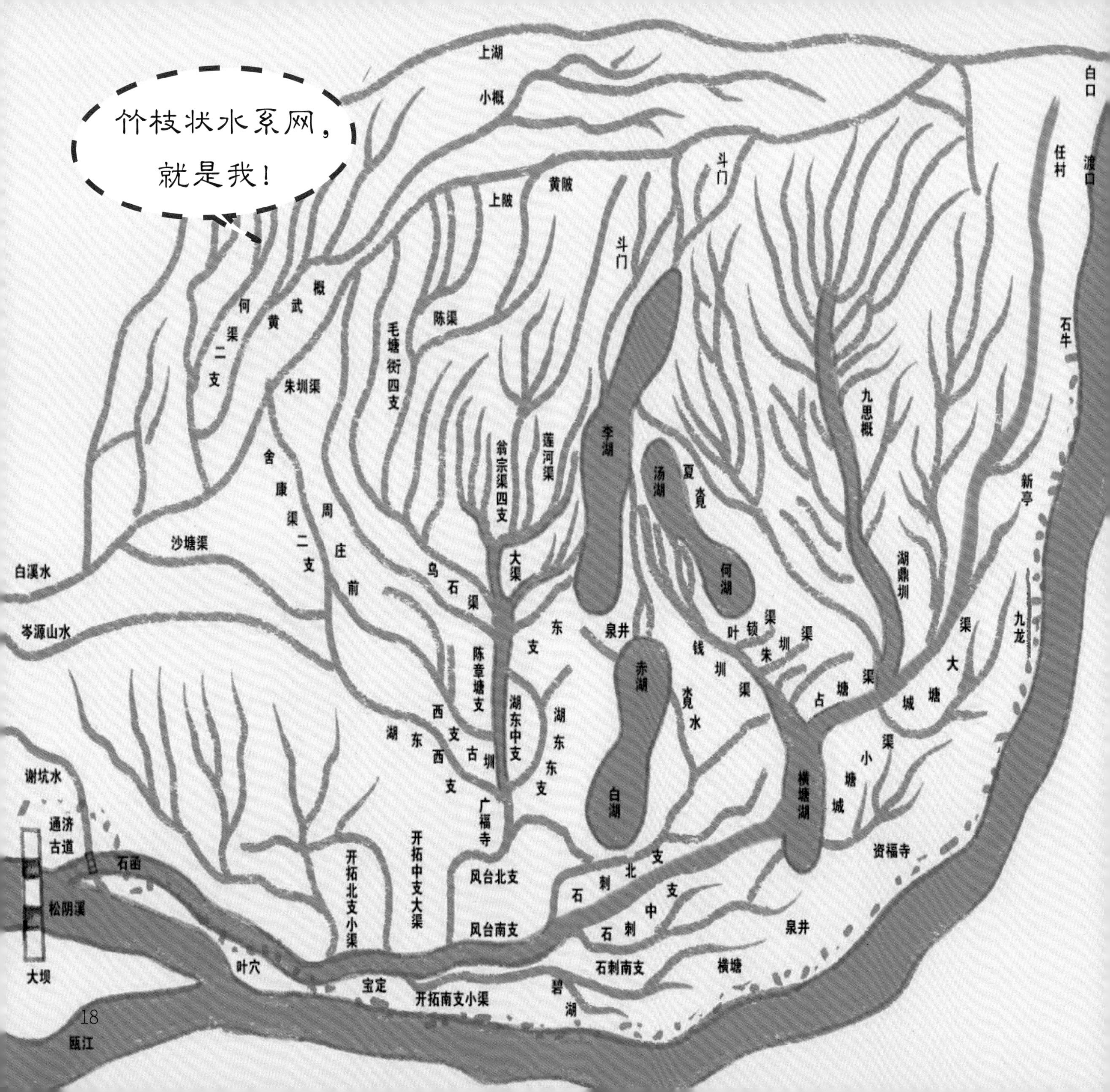

竹枝状水系网，
就是我！
上湖
小概
白口
任村
渡口
斗门
黄陂
上陂
斗门
何渠二支
黄武概
朱圳渠
毛塘衔四支
陈渠
石牛
九思概
李湖
汤湖
翁宗渠四支
莲河渠
舍康渠二支
周庄前
沙塘渠
白溪水
新亭
大渠
何湖
湖鼎圳
乌石渠
岑源山水
东支
泉井
叶锁渠
朱圳渠
钱圳渠
赤湖
九龙
渠大
陈章塘支
湖东中支
占塘渠
城塘
西支
湖东西支
古圳
湖东东支
小塘城
渠
横塘湖
谢坑水
白湖
广福寺
通济古道
资福寺
开拓北支小渠
开拓中支大渠
石函
风台北支
北支
石刺
中支
石刺
松阴溪
风台南支
泉井
石刺南支
横塘
叶穴
大坝
宝定
开拓南支小渠
碧湖
瓯江

公元 505 年，我犹如一个婴儿，在詹、南司马手中诞生。

从此之后，我茁壮成长。我的大坝在人们手中更新换代，我的竹枝状水系网越来越细密，我对碧湖平原“水的供养”越来越及时。

在我日渐强大的过程中，有几位“贵人”是我需要郑重感谢，铭记于心的。

建叶穴的“贵人”

首先要感谢的，是北宋的关景晖和姚希。

我遇到这对“贵人”的时间，是公元 1092 年。那一年，我遭遇了一个重大危机：山溪水暴涨，将我的渠道冲坏，大水淹没了许多农田。

此时关景晖担任北宋处州知州，他听闻灾情，连忙召唤县尉姚希为我解忧。

姚希不但疏通了我的渠道，还在大溪和堰渠连接处建了一个穴道，称为“拔沙门”。但因为这个穴道建在叶姓地界，后来人们更喜欢叫它“叶穴”。

叶穴的石闸木板可以调节水流，平时下闸，可以灌溉农田；若是天降大雨，渠水凶猛，又可以开启闸板，让渠水泄洪，还可排掉渠道中的沙石。

这个“北宋科学工程”帮我排沙800多年，鞠躬尽瘁，直到我不再需要它为止。

建水上立交的“贵人”

公元 1111 年，一位北宋官员前来丽水当县令。他的名字叫王禔，是个很有才干的人。

王禔目光如炬，一眼看出我有个长年老毛病。原来，在距离我的脑袋大约 300 米的地方，一条山坑正好穿过我的身体。每当暴雨时节，山坑水就会开始袭击我，令我屡屡受伤。更麻烦的是，我一发病，就需要劳民伤财来维护我的身体。

怎么能老是浪费百姓的人力物力呢？

王禔想给大家解决这个问题。此时当地有个人叫叶秉心，是个通晓水利的人。两人一拍即合，马上动手医治我的顽疾。

他们给我动了个“小手术”——在我身上建了个“三洞桥”（石函水立交），最上面一层是行人走的桥，中间一层留给山坑水，最下面一层让通济堰的渠水流通。

从此，行人、渠水与坑水各走各的。谢天谢地，我终于再也不用担心山溪水乱入了。

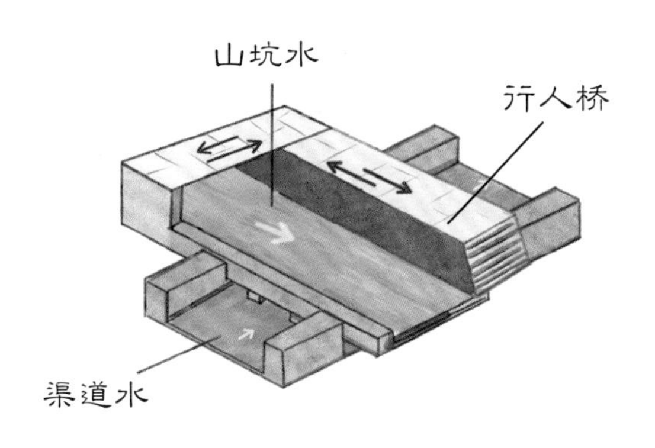

三洞桥（水立交）结构图

你知道王禔和叶秉心的奇思妙想有多么了不起吗？

那实际上是世界上第一座立交引水桥！

900 多年前的古人竟以这样的科学方式，将我的顽疾彻底治愈。

改建石坝的“贵人”

公元 1201 年，南宋一位名为何澹的前丞相（同知枢密院事兼参知政事，位同副丞相）返回故乡龙泉。机缘巧合，何相也踏足隔壁的碧湖平原，来到了我身边。

结果，他竟看出了我的“心病”。

原来，通济堰从一开始便是木蓧土砾坝，几百年过去，堰坝损毁、修补，又损毁、又修补。百姓从旁边的堰山砍伐竹、木，一直用心维护我。

用心倒是令人感动，但不时兴师动众为我修坝，也太损耗民力。

何澹倒是有个一劳永逸的办法。

那就是改建石坝。

公元 1205 年，何相向朝廷上奏，请求调兵三千，为我疏浚渠道，同时将我的木蓧坝改建成石坝。

开采石料，搬运木头，用松木做基底，用石头建坝体……重建工程轰轰烈烈地进行起来。

何澹还命人建设熔炉，烧制铁水，将铁水浇灌进石缝。

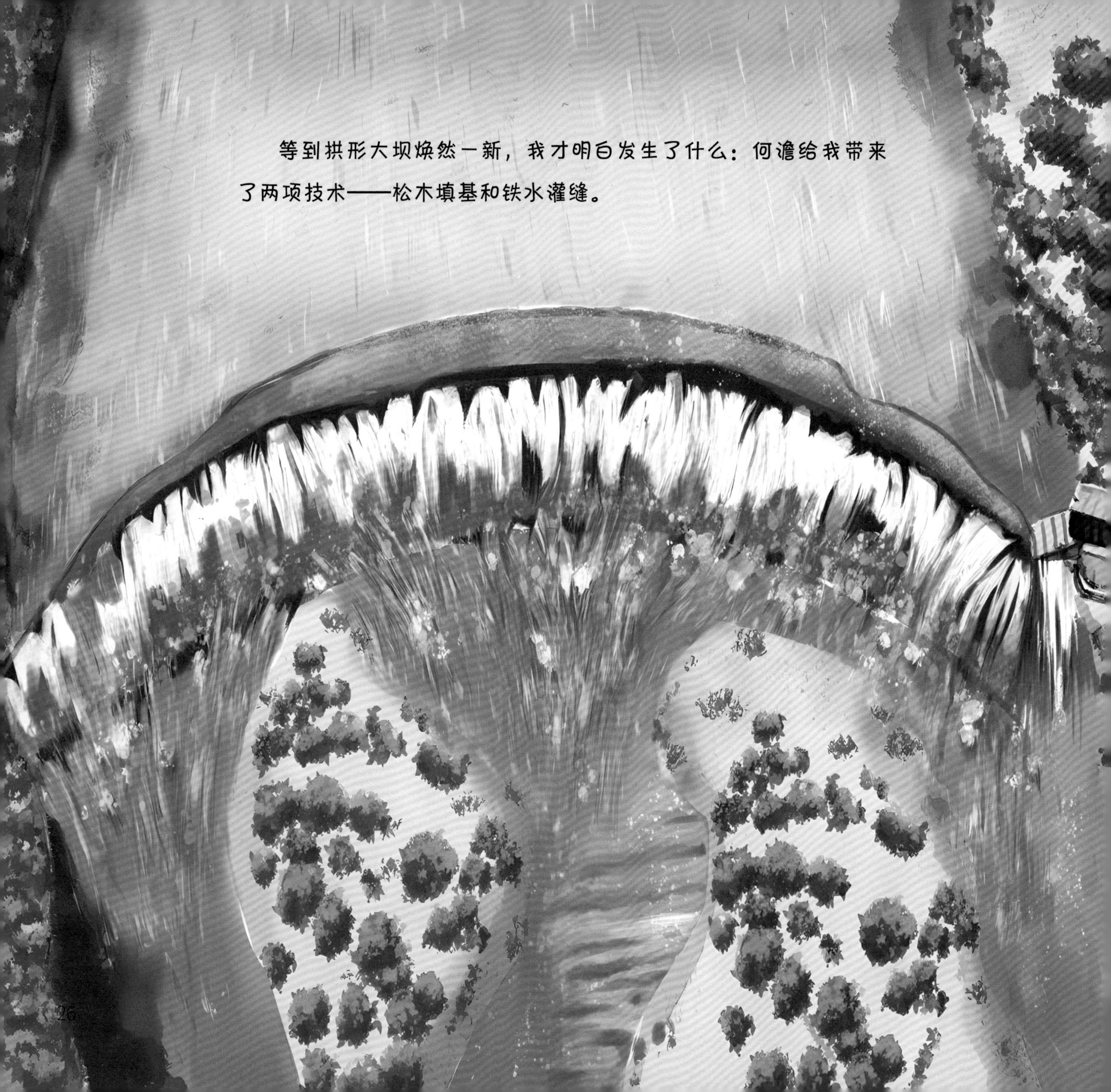

等到拱形大坝焕然一新，我才明白发生了什么：何澹给我带来了两项技术——松木填基和铁水灌缝。

千年不腐的松木填塞在坝底，凝结的铁水将石头连成一体，何澹真的解决了那个问题——大坝从此牢固千年，不必一直修复，就连为我提供材料的堰山都不用再被砍伐竹木了呢。

石坝建成之后，何澹又一次奏请朝廷调兵，开凿了可蓄水 10 万余方的“洪塘”。

我的身体与运行

经过不断的“茁壮成长”，到了南宋绍兴八年（公元 1138 年），我已拥有支渠 48 派（条），各支渠又分凿出毛渠共 321 条。人们还将我的灌溉区域分为上、中、下三源。也就是说，此时我有了完整的“三源四十八派”，灌溉的民田大约有 3 万亩。

此后千年，我还在继续扩张，最终形成了一张细密水网，拥有健康运作的各种关节。

是时候向大家展示一下我的身体各部分了。

我的脑袋叫作“通济堰渠首枢纽”，这个枢纽工程由拦河坝、进水闸、冲沙闸、过船闸等组成，具有蓄水、引水、溢洪、排沙、通航等功能，是一个综合性水利枢纽。

我的大坝全长 275 米，坝底宽 25 米，顶宽 2.5 米。

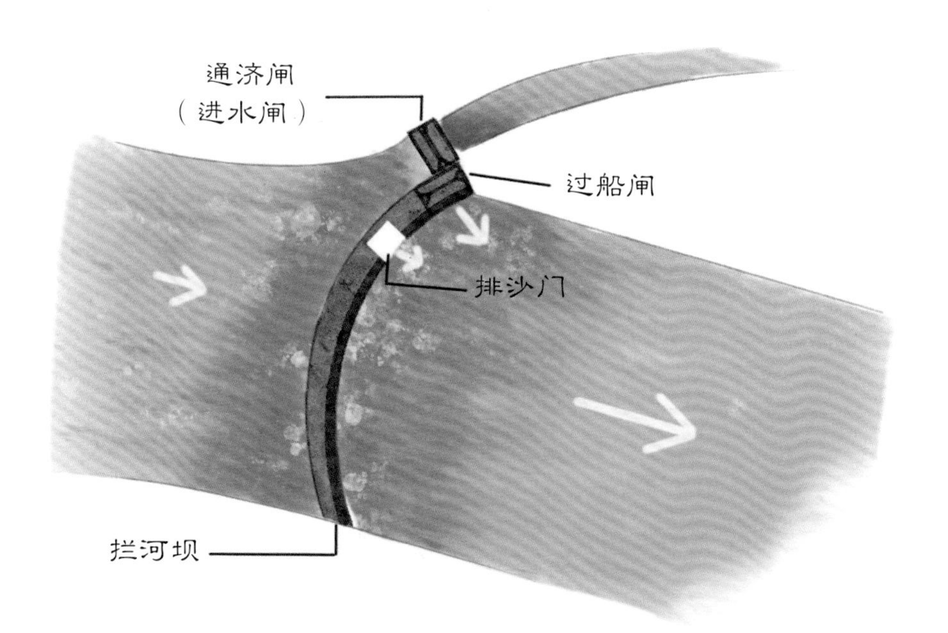

堰首工程平面示意图

进水闸（陡门）

我的进水闸，古代叫作“陡门”，是一座木叠梁闸桥，名字叫“巩固桥”。现在已经改为半机械启闭的平板闸门。进水闸旁边有两孔冲沙闸，叫作“小陡门”。

冲沙闸（小陡门）

古时候瓯江航运发达，人们在拦河堰中部留了船缺，到了明代，人们又设闸控制，船缺变成了过船闸（又称大陡门），还制定了严格的管理制度。如今过船闸被移到了大坝近北侧，就在“小陡门”南侧。

过船闸（大陡门）

我的手脚和关节

我拥有许许多多手脚，能够走遍整个碧湖平原，它们便是我的“灌排渠系”。这套渠系分为干、支、毛和田间渠道（也有说干、支、斗、农、毛五级堰渠）。人们还在支渠分叉处为我设计了关节——那便是大大小小的概闸了。

正是我的手脚和关节，让我这架水利机器可以灵活运转上千年。

渠道主干形成期

司马堰
观阬堰
白溪渠
斗门
金沟渠
斗门
概闸
概闸
概闸
泉坑
概闸
开拓概
（主要分水闸）
石函
通济闸
叶穴
斗门
通济堰
大溪

我的干渠全长 22.5 千米，从我的脑袋处算起，直到一个叫开拓概的重要关节，我的身体分成了东、中、西三条分干渠。

概闸结构图

每条分干渠又继续分出更小的渠道，如此密密铺开去，最后我的各级渠道达到了 321 条。真不愧是“百足千手”的大机器！

我的渠道可以灌排两用，在渠道关键节点的水闸，便叫作概闸。算下来我一共有 72 座概闸，起着分水、节制、退水的作用[3]。

使用我的概闸，可得有细致科学的操作方法！正是因此，1000 多年来人们为我出了各种“使用手册”，可用心了。

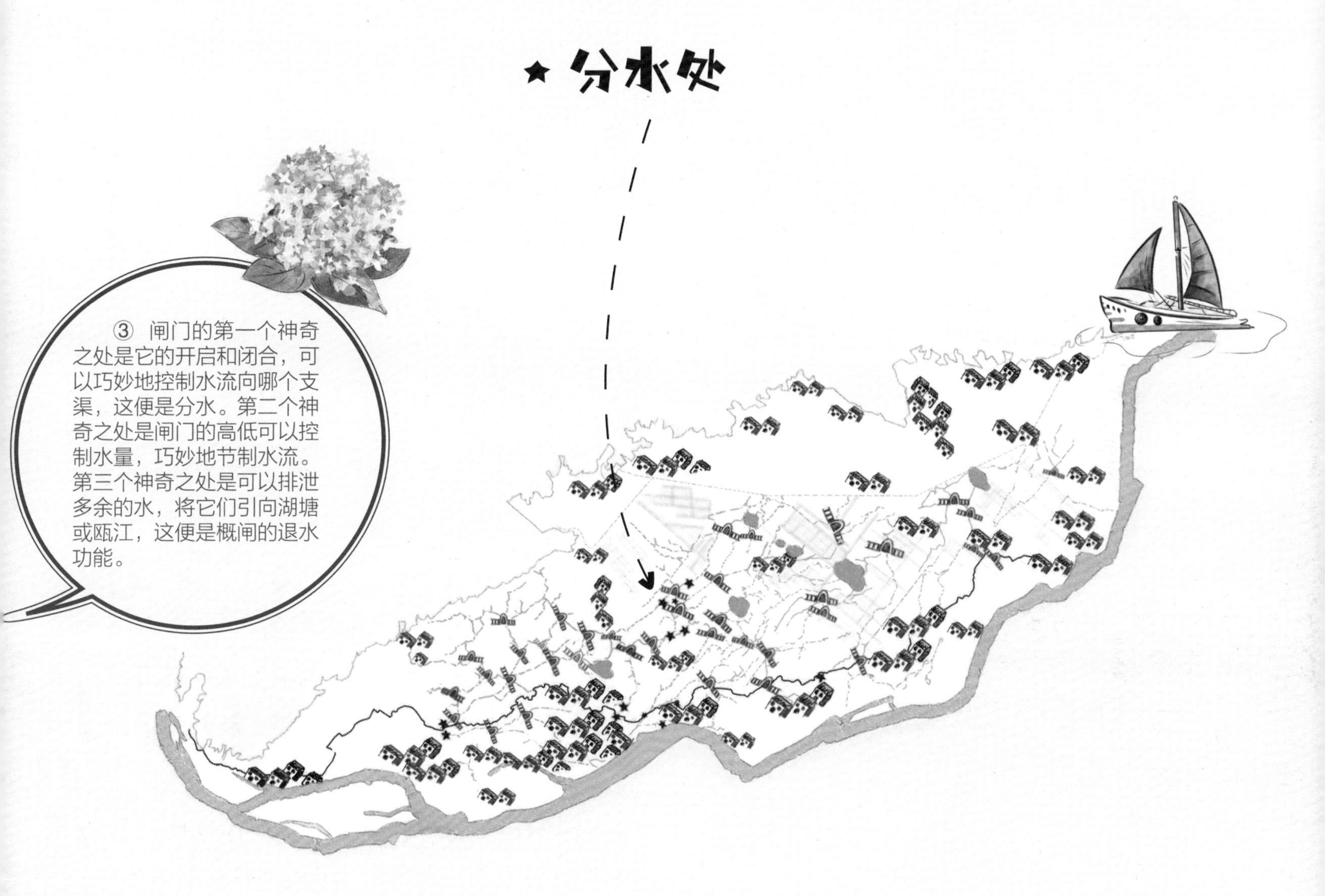
★ 分水处
③ 闸门的第一个神奇之处是它的开启和闭合，可以巧妙地控制水流向哪个支渠，这便是分水。第二个神奇之处是闸门的高低可以控制水量，巧妙地节制水流。第三个神奇之处是可以排泄多余的水，将它们引向湖塘或瓯江，这便是概闸的退水功能。

碧湖平原上分布着大大小小的湖塘，人们因地制宜，将天然湖泊、河流和洼地改建成了我的一个个“储水器官”，以防干旱④。

看这里！

④ 丰水季时，通济堰渠道水量丰富，多余的水可以引到湖塘，储蓄起来；到了枯水期，若是水量不足，湖塘的水又可以用来补充。但与河流、湖泊水位高低可以自然调蓄不同的一点是，通济堰还有一些尾闸，可以进行人工操作，控制水的进出。

1000 年前这里就有白湖、赤湖、何湖、汤湖、李湖、横塘湖、横塘、莲河、毛塘、沙塘等。有些湖塘跟我的渠道相连，犹如一条“藤”结出的“瓜”；有的独立于渠道，犹如散落的明珠。

人们在湖塘里种植、养殖，将湖塘变成鱼虾、鹅鸭的快乐天堂，碧湖平原也成了“江南可采莲，莲叶何田田”的温婉水乡。

我的水管理制度

科学的大脑、灵活的手脚和关节、实用的器官，组成了我这架“古代水利大机器”，我在碧湖平原上欢快地运作了一年又一年，滋养了一代又一代百姓，迎来了一代又一代新的管理者。

在这漫长的过程中，许多治水先贤能人，始终关注我，爱护我，让我拥有了科学的“三源轮灌”，总结出了完善的堰规。

科学的三源轮灌

碧湖平原村落众多，为了保证用水公平，人们实施轮水制度，所有村庄被分作上、中、下三源。宋朝时每逢干旱，放水制度为每源三昼夜，到了明清则是上、中源三昼夜，下源四昼夜。

开拓概、凤台概、木樨花概、城塘概、下概头概、金丝概正是上、中、下三源分水的六大概闸，因此显得十分重要，必须保证运行良好。

三源轮灌制从南宋开始施行，一直到几十年前，人们通过控制概闸的拦水高度来调节水量，才不再划分三源范围。

完善的堰规

我的维修、改建和管理需要许多人通力合作。为了让大家有规约可依，人们还为我量身打造了一套与时俱进的“管理办法”——通济堰规。

作为古老的大型水利工程，我能一直保持容光焕发，愉快工作，正是因为拥有了这套堪称“世界上最早”（之一）的农田水利法规。这套法规又是哪些人的贡献呢？

原来，公元 1092 年，北宋的姚希建了叶穴之后，便为我量身定制了堰规，好让人们更用心地维护我。

可惜姚希的堰规没有保留下来。到了公元 1169 年，另一个有缘人出现了。他就是南宋著名文人、一代名臣、外交家范成大。

此时范成大担任处州郡守，他在姚希堰规的基础上，为我制定了一套完备的通济堰规。

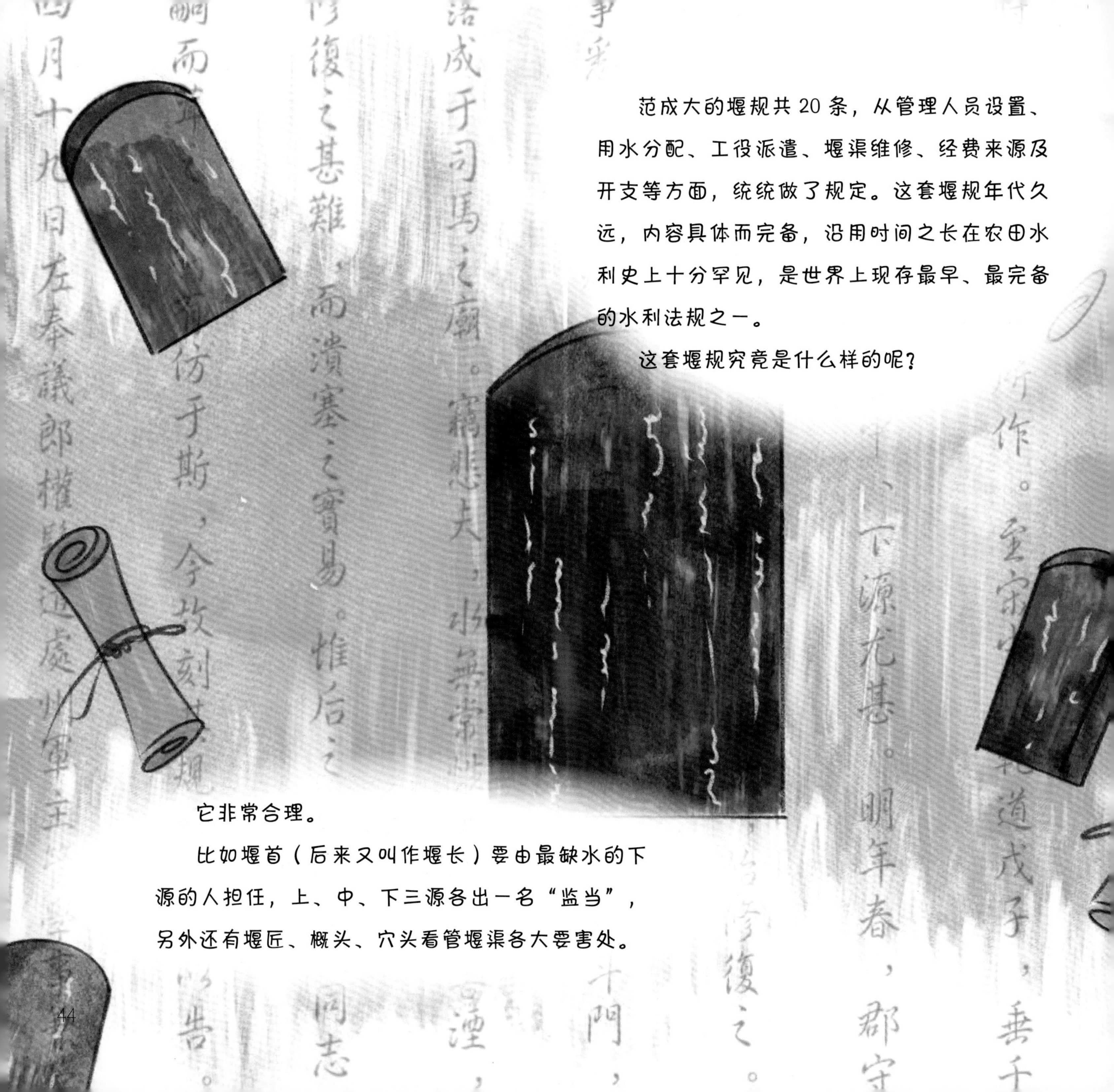

范成大的堰规共 20 条，从管理人员设置、用水分配、工役派遣、堰渠维修、经费来源及开支等方面，统统做了规定。这套堰规年代久远，内容具体而完备，沿用时间之长在农田水利史上十分罕见，是世界上现存最早、最完备的水利法规之一。

这套堰规究竟是什么样的呢？

它非常合理。

比如堰首（后来又叫作堰长）要由最缺水的下源的人担任，上、中、下三源各出一名“监当”，另外还有堰匠、概头、穴头看管堰渠各大要害处。

它非常细致。

比如堰首要负责所有堰堤、斗门、石函、叶穴、各大小概闸、湖塘堰的巡查、报修，监督船只通行。

比如船缺处需要堰匠2名，管理往来船只；开拓概、城塘概等重要节点，需要各有1名概头，轮水期间严格按照堰规制度启闭、揭吊；湖塘堰和支渠小堰，还需要湖塘堰头和小概头，负责闸门启闭、清淤维修，防止有人私自启闭闸门，或者将湖塘填成田地。

叶穴处还设有1名穴头，大雨时开闸泄洪，防止上游挟带泥沙的水涌入下游渠道；需要灌溉时关闭闸门，防止渠水泄流。这名穴头还要看管叶穴龙女庙，负责扫洒、祭祀。

渠道成熟期

它沿用的时间特别长。

随着时代的演变，明万历三十六年（公元 1608 年）、清嘉庆十八年（公元 1813 年）、道光四年（公元 1824 年）、同治四年（公元 1865 年）、光绪三十三年（公元 1907 年），这里的人们又对范成大的堰规做了增订修改，保障了通济堰灌溉的可持续发展。

通济堰规中古远的规定，就算千年之后看来，依旧充满着中国古人的管理智慧。而无论是南宋时的堰规，还是此后各个时代的堰规，都体现着一个特点，那就是官民共管。

官方组织关键工程的修建、维修，民间具体负责灌溉用水管理。

地方政府颁布堰规，并刻在石碑上，而政府和民间的管理者便依照规约行事。

碧湖平原的人们既然享受了我的滋养，便担负起了维护我的责任。

直到现在，政府机构与民间组织结合的管理形式还一直保留。

我的创新与发明

在 1500 多年的岁月里，我有过骄傲的成绩，也有过令人惊喜的创新发明。它们就像我的履历一样，而在这份履历上，有几项重要的成就是我最引以为荣的。

现在，就让我们来看看，这份“光荣榜”应该放上什么。

首先当然是 ——

拱形坝的发明

一道弧度 120 度，长 275 米，底宽 25 米，顶宽 2.5 米的大坝，静静躺在瓯江水面上。从公元 505 年开始，这道拦河坝便保持着优美的曲线。

它其实是世界上最早的拱形堰坝。

接下来，我要推荐的是 ——

石函水立交

Tomgjiyan Qrrigation Structure

公元 1111 年，王禔和叶秉心建的石函，竟是世界上第一座立交引水桥。

它可以将挟带沙石的山坑水从渠上向南引出，注入溪中；堰渠水从桥下向东流过；行人则行走在桥面上。

坑水、渠水一上一下，互不相扰，解决了堰渠淤塞问题；石桥则解决了堰渠两岸的交通问题。

古时三洞桥的桥洞下水流很深，可以通行载货小船。渠旁有踏埠、洗浣埠头，村民可以在此取水、洗涤。堤岸之上种有樟树护堤，这些古樟根系发达，千年来牢牢守护着渠岸，形成了一道美丽的风景，是丽水罕见的古樟群落。

我还想提名公元 1205 年的创新，那便是改建石坝的——

松木填基和铁水灌缝技术

Tomgjiyan
Irrigation Structure

新鲜松木填塞在坝底，千年不腐。铁水浇灌石缝，将石头凝结在一起，形成了牢不可破的石坝。

这样的创新，是不是也很值得赞扬？

其实，能上“光荣榜”的，还有很多。

比如令人拍案叫绝的**科学选址**。

比如逐渐完善的**竹枝状水系网**。

比如解决淤塞问题的**叶穴**。

比如 72 座概闸形成的**闸概分流**。

比如范成大等为我量身定制的**通济堰规**。

……

1000 多年来的这些创新发明，是中国古人的智慧，是历代百姓的用心。拥有这些，才是我最大的荣耀。

主渠道

支、毛渠道

居住地

湖塘

我的功绩和蜕变

青山秀立，碧水清流；稻花香飘，鸡犬相闻。在美丽的碧湖平原上，我安静地流淌着，历经千年风霜，见惯历史变迁，始终不改初心。

自从我诞生之后，碧湖平原成了可以安居乐业的沃土，这儿也一跃成了“处州粮仓”，算得上地区发展史上的一个里程碑。

我的出现，还为碧湖带来了丰富的水文化，带来了文明发展。

时至今日，我的出现还成了丽水的一张亮丽名片，不但让中国人惊艳，还能向全世界推介——我既是中国古老水利智慧的体现，也是世界灌溉工程遗产之一。

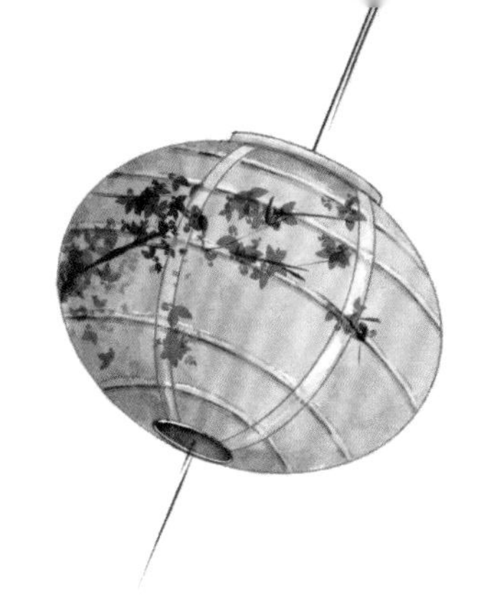

我是丽水粮仓

丽水山多地少，自古以来便是“九山半水半分田”的地方。

在这“半分田”里面，60平方千米的碧湖平原，算得上一块难得的宝地。

这片美丽富饶的平原是丽水“三大平原”之一，也是丽水主要粮仓。显然，碧湖平原能成为粮仓，跟我的出现密不可分。

我的堰堤平均每天将松阴溪约20万立方米的水量拦截入通济堰渠。这些水顺着我的渠道流遍碧湖平原，灌溉农田3万亩。

我是灌区命脉

烟火人家，村依水存，水绕村转。

今天你若到碧湖平原上，会发现这里的村落因我而生。比如概头村，正是因为在水利枢纽控制中心开拓概处，便衍生出了一个村落。

你还会发现，我的水既到达各处农田，又流淌到村落住户门前。人们在我这里取水饮用，又用我的水洗涤、浇灌。这些村落人家，因为我的滋养而烟火兴盛。日升月落，岁月悠悠，碧湖平原的人们在这里种植水稻、蔬菜、瓜果，同样依赖着我的滋养。

人烟兴起，道路畅通，商贸也随之日益繁荣。我附近的通济古道是来往官道，我被称为官堰。我的堰渠上建了河埠，河埠上又建休息凉亭，称为官堰亭。不但当地居民可以在这儿洗刷，来往客人也可以在这儿歇脚。

因为我的存在，碧湖平原上有了村落，有了市集，有了商贸。说起来，我倒像成了碧湖平原的“命脉”，既掌控了这里的生活，又掌控了这里的发展。

我是文化名片

因我而生的不仅有碧湖平原的村落人家，还有处州官道通济古道，有诗赋、铭文、传说的风雅传奇，也有祠堂、庙宇、镇水兽的民俗气息，更有千年古樟的勃勃生机，甚至还滋养起了一个充满诗情的古堰画乡。

人们春天祭拜二司马，举行庙会；夏天“翻龙泉”求雨；中秋时在我这儿游堰，分发月饼；十二月举行清淤节。

热闹的灯会，好玩的水上秋千，用碧湖方言表演的“唱故事”……

稻花芬芳，瓜果飘香，一方水土滋养起了淳朴民风。而热热闹闹的烟火，让碧湖平原成了江南稻作文化的一抹亮色。

除了烟火气息，文昌阁、官堰亭、通济古道、古民居、古建筑，这些随烟火而生的文化遗迹，也在悄然诉说着人们古朴的情思。

让这一方水土孕育多彩文化，成为一张亮丽名片，正是我引以为荣的功绩。

进入新的时代，我迎来了新一代管理者。

他们掌握着现代科技，为我做了新的维修改造，比如人工操作的闸门变成了半机械启闭的平板闸门。

他们尊重我身为“全国重点文物保护单位”的身份，尽量保护我的工程历史信息，在概闸等重要地方，你可以看到他们为我制作的“信息牌”。

他们启动水系恢复工作，将碧湖建成了一个特色小镇，将我这古老面貌也变成了风景。

我焕然一新，成了一个特别的旅游景观，每年接待着数以万计的来客。

他们是来看我的。

我有故事感满满的千年古堰，我有充满古人智慧的水立交，我有挺立千年依旧生机蓬勃的古樟。

我还有一个特别的邻居，它的名字叫画乡。

你走累了可以到我的邻居那里，坐在茶馆发呆；如果兴起，可以乘游船缓行瓯江，领略碧水青山古樟；这些都不想的话，你还可以围观作画，或许会撞入某个著名摄影师的镜头。

人们称我和邻居为“古堰画乡”，我们成了中国著名的美术写生基地、中国摄影之乡和4A级景区。

我们甚至交了个远在法国的朋友——巴黎南部的巴比松小镇。那里是“巴比松画派”的发源地，而丽水这儿也形成了一个“巴比松画派”，就在“古堰画乡”。

大街小巷，江边村头，写生的人打开画架，默默将灵山秀水轻轻摄取，融入画中世界。他们就像大约 200 年前的巴比松画派艺术家一样，对照着自然写生，给他们灵感的，便是温润秀丽的古堰画乡风光。

历史传奇已成传说，万千气象却在今日。

这也可算是我的功绩——在新的时代不忘蜕变，既成为艺术实验基地，也成为重要的风景区，迎接着各方来客。

最后，不要忘了最初那个顶顶重要的事儿。

我究竟为何如此了不起呢？

因为我的工程展现出的古人智慧，因为我富有创意的管理制度，因为我汇聚千年的精神力量……

正是靠着这些珍贵的财富，我成了全世界数得着的“世界灌溉工程遗产”。

图书在版编目（CIP）数据

了不起的通济堰 / 丽水市水利局编绘 . 一广州 : 广东旅游出版社 , 2023.6
ISBN 978-7-5570-2996-8

Ⅰ . ①了… Ⅱ . ①丽… Ⅲ . ①堰－水利史－丽水－古代 Ⅳ . ① TV632.553

中国国家版本馆 CIP 数据核字 (2023) 第 054712 号

出 版 人：刘志松
顾　　问：周文凤
策　　划：官　顺
责任编辑：方银萍
绘　　图：李红泉　叶倩茹
图　　片：摄图网
装帧设计：周喜玲
责任校对：李瑞苑
责任技编：冼志良

了不起的通济堰
LIAOBUQI DE TONGJIYAN

出版发行：广东旅游出版社
（广州市荔湾区沙面北街 71 号首层、二层）
邮　　编：510130
印　　刷：佛山家联印刷有限公司
（佛山市南海区三山新城科能路 10 号）
开　　本：787 毫米 ×1092 毫米　12 开
印　　张：6.5　　字　　数：80 千字
版　　次：2023 年 6 月第 1 版　　印　　次：2023 年 6 月第 1 次印刷
定　　价：58.00 元